COSMOGRAPHIE

RACONTÉE,

ou

PREMIÈRES LEÇONS D'ASTRONOMIE,

COMPOSÉES

POUR L'ENSEIGNEMENT ÉLÉMENTAIRE,

> « .... à tous les globes, une
> « admirable harmonie ; il semble que
> « l'Éternel, pour ainsi dire, en daignant
> « vous aider mutuellement de vos
> « lumières et de vos forces, vous a
> « mis vers les autres dans vous écarter
> « de la sphère où vous a placés la
> « Providence. »

PAR D. LÉVI (ALVARÈS),

Chevalier de la Légion d'Honneur, Membre de l'Académie des Sciences
de Bordeaux, Professeur de Littérature et d'Histoire, etc.

PARIS,

Chez l'Auteur, rue de Lille, N° 17.

1840.

notre époque, que celle où se dérouleront l'origine et l'accro
sement de ces institutions, de ces principes d'indépendance
de sociabilité qui furent le prix du sang de nos pères et l'orgu
de notre temps? Mais, si le tableau de ces institutions à trave
les siècles doit présenter dans son ensemble un grave spectacle
un thème fécond de philosophiques enseignements, combi
aussi les parties intérieures de l'œuvre n'offriront-elles pas
détails pittoresques et ne révèleront-elles pas de traits piquant

Voici un document, d'un intérêt fort circonscrit du reste, q
se rattache à ce dernier genre de détails. Quelque humble qu
soit l'importance de cette pièce, elle renferme toutefois un pe
problème assez curieux et rentre directement dans le domai
d'un recueil paléographique. C'est à ce double titre qu'elle m
semblé digne de voir la lumière etde prendre place dans la *bibl*
thèque de l'école des chartres.

Les archives municipales de la ville de Langres se compose
d'un nombre considérable de titres dont quelques-uns ne man
quent pas d'importance et remontent à une époque reculée, d
moins sous le rapport de leur date originaire. Elles sont confié
spécialement à la sollicitude éclairée de M. Mignerat, avocat
adjoint de la mairie, qui en a publié une partie dans l'histoi
de sa ville natale (1). Parmi ces titres j'ai recueilli la pièce qu'o
va lire, et que tout me porte à croire inédite.

« 9 septembre 1717.

« Cejourd'hui, neuf septembre mil sept cent dix-sept, madam
Boudrot, veuve de deffunct Boudrot (2), maire, a restitué

---

(1) Histoire de Langres. 1834, in-8°.

(2) « . . . .
« 1692, Louis BOUDROT, président de l'élection, *maire perpétuel.*
« 1717, Etienne DELECEY DE CHANGEY, *id.*»

(Extrait d'un catalogue des maires de Langres. Hist.
Langres, par Migneret).

COSMOGRAPHIE RACONTÉE.

OUVRAGES DE M. LÉVI,

QUE L'ON TROUVE CHEZ LE PROFESSEUR.

	F.	C.
Histoires racontées, chaque volume.	2	» »
Géographie racontée.	4	
Tour du monde, ou premières leçons de Géographie.	1	50
Tableaux historiques géographiques.	»	40
Grammaire française abrégée.	1	50
Exercices grammaticaux.	1	50
Mnémosyne classique.	2	50
Esquisses historiques.	2	50
Esquisses littéraires.	3	50
Histoire de France.	4	50
Histoire générale.	4	55
Physique popularisée, ou Pourquoi et Parce que.	1	50
Questionnaire grammatical.		75
Questionnaire historique.		75
Questionnaire géographique.		75
Éphémérides classiques, 4 v.	12	»
Échelle des peuples.	1	»
Grand tableau d'Histoire naturelle.	5	é
Précis de littérature Française.	1	»
Anacharsis—1 vol.	2	50
Les poètes italiens.	2	50

COSMOGRAPHIE

RACONTÉE,

OU

PREMIÈRES LEÇONS D'ASTRONOMIE,

COMPOSÉES

POUR L'ENSEIGNEMENT ÉLÉMENTAIRE,

> En imprimant à tous les globes une admirable harmonie, il semble que l'Éternel ait voulu dire : « Mortels, » aidez-vous mutuellement de vos » lumières et de vos forces venez les » uns vers les autres sans vous écarter » de la sphère où vous a placés la » Providence.

PAR **D. LÉVI** (ALVARÈS),

Chevalier de la Légion-d'Honneur, Membre de l'Académie des Sciences de Bordeaux, Professeur de Littérature et d'Histoire, etc.

PARIS,

Chez L'Auteur, rue de Lille, N° 17.

—

1840.

OBSERVATION SUR CETTE NOUVELLE ÉDITION.

Cette petite *Cosmographie racontée* a été accueillie avec tant de faveur, que nous nous sommes fait un devoir de soigner cette seconde édition, et de l'augmenter de tous les détails qui peuvent intéresser et à la fois instruire les jeunes esprits auxquels nous nous adressons.

Nous prions instamment les professeurs et les institutrices de ne pas faire apprendre par cœur aux enfans ces explications cosmographiques, mais de les leur faire lire attentivement, et de leur adresser de fréquentes questions. Le but de l'enseignement élémentaire est de préparer les jeunes intelligences à des travaux plus sérieux, et non d'encombrer la mémoire de mots.

Une leçon d'Astronomie doit être une leçon de morale et de religion, car rien n'élève plus l'ame que la contemplation raisonnée des merveilles de la nature ; un professeur habile sait toujours tirer un excellent parti de ces conversations instructives qui attachent l'élève, et lui font obtenir des succès réels.

COSMOGRAPHIE.

CHAPITRE 1er.

LE CIEL.

Admirez avec moi, mes jeunes amis, cette multitude d'étoiles qui brillent au ciel pendant les ténèbres de la nuit; ce magnifique tableau ne parle-t-il pas à notre cœur? ne nous donne-t-il pas une plus grande idée de la puissance de Dieu, créateur de tous ces *soleils*? Oui, ce sont de véritables *soleils* que nous verrions pendant le jour si la vive lumière de l'immense *étoile* qui éclaire notre petit *globe*, ne les éclipsait totalement.

Voyons; examinons plus attentivement ces *mondes* brillans. Si nous avions le temps de les compter, nous en découvririons à l'œil *nu* (c'est-à-dire sans le secours de lunettes, de lorgnettes ou d'instrumens de cuivre bien plus gros et bien plus grands), nous en découvririons, disais-je, cinq mille; et avec ce grand instrument appelé *télescope*, soixante-dix mille; et combien il en resterait encore à découvrir ! Aussi, sans en exagérer le nombre, nous pourrions porter à vingt *millions* les étoiles visibles. Calculez un peu jusqu'à vingt *millions*, et vous serez tout surpris. Vous me demandez si ces *étoiles* sont bien *grandes*, surtout bien éloignées ; oh ! certainement ! jugez-en vous-mêmes : l'*étoile* que nous nous appelons *Soleil*, est *un million trois cent mille fois* plus grosse que la terre que nous habitons, et l'on croit que les autres *soleils* dépassent de beaucoup cette dimension.

Quant à leur éloignement, il est tel qu'il m'est impossible de vous le dire, mais je sais à peu près celui du *Soleil*.

On a calculé que cet astre est, selon la saison, à 33, 34, 35, 36 et même 37 millions de lieues de nous; or, vous imaginez-vous cette distance immense? — Remarquez : il faut douze fois la largeur d'un *gros pouce* pour faire un *pied;* il faut six *pieds* pour faire une *toise;* il faut *deux mille deux cent quatre-vingts toises* ou *treize mille six cent quatre-vingts pieds* pour faire une *lieue;* comptez; que de pouces pour la distance de la *Terre* au *Soleil !* Vous êtes étonnés ! Ce n'est rien encore en comparaison de la distance d'une *étoile*. Tenez, voyez celle-ci, qui est plus grande que les autres; on la nomme *Sirius;* elle est si éloignée que sa lumière met trois ans à nous arriver, tandis que celle du *Soleil* nous parvient en 8 *minutes,* c'est-à-dire qu'elle parcourt soixante-dix mille lieues par seconde. Quelle doit donc être la vitesse de la lumière des étoiles télescopiques ! Il doit y en avoir dont la lumière a mis au moins mille ans pour venir à nous; et quand nous voulons jeter sur le papier quelques observations sur leurs changemens, sur leur accidens, c'est leur histoire d'il y a mille ans que nous écrivons. — Cette étoile de *Sirius* dont nous parlions est 200,000 fois plus éloignée de nous que le soleil ; et la lumière qu'elle jette doit être quatorze fois plus forte que celle du Soleil lui-même ! Vous ouvrez de grands yeux ! Plus nous étudierons la *nature*, mes amis, c'est-à-dire *l'ensemble de tout ce qui existe*, plus nous serons surpris, plus nous rendrons hommage à l'auteur de tant de merveilles !

Continuons notre étude : remarquez comme la plupart de ces *étoiles* sont réunies ; cette réunion, cet assemblage se nomme *constellation*, (les savans l'appellent *astérisme*), on donne à ces constellations plusieurs noms tels que le *Chariot*, la *Chèvre*, l'*Ours*, etc., mais par pure convention ou par caprice. Cette multitude de petites étoiles qui sont à peine visibles et que nous ne distinguons que comme une *masse blanche* ou comme de petits *nuages blancs*, s'appellent, pour cette raison, *constellations nébuleuses*. Cette belle *ceinture blanche* qui entoure le ciel est la plus belle des *nébuleuses*, c'est la *Voie-Lactée*, ou le chemin de lait ; on l'appelle aussi le *chemin de Saint-Jacques*.

Un astronome Anglais de ce siècle, sir John Herschel fils, a découvert que beaucoup d'*étoiles* sont doubles, quelquefois triples, et qu'elles obéissent à la loi de *gravitation* qui régit le système *planétaire*, c'est-à-dire qu'elles tendent réciproquement vers le centre d'une étoile plus *dense* ou *lourde*. De plus un grand nombre de ces étoiles offrent le beau et curieux phénomène du contraste des couleurs ; ainsi la plus grande est ordinairement de couleur rouge ou orangée, tandis que la plus petite paraît bleue ou verte.

Il y a des *nébuleuses planétaires* qui sont des objets

très-étranges même pour les astronomes savans; leur lumière est parfaitement uniforme ou bien peu nuancée. Ils n'en connaissent pas la nature.

Les *constellations* peuvent être comparées aux divisions géographiques arbitraires qui, sous le nom de *contrées*, se partagent la terre, sans avoir de rapport avec ses divisions physiques.

Le ciel est composé de 108 constellations, où l'on a réparti les 70 mille étoiles environ, dont la position est déterminée. Celles que nous apercevons au nord sont appelées *constellations Boréales* ou *Septentrionales*, et celles que l'on voit des contrées situées au sud de la terre sont appelées *Australes* ou *Méridionales*.

Entre ces deux ordres de *constellations* et sur une bande qui ceint la sphère celeste, se trouvent les *constellations Zodiacales* qui, dans l'origine de l'astronomie, ont donné leur nom aux douze signes du *Zodiaque*.

Le *Zodiaque* est une bande imaginaire qui occupe environ un cinquième de la hauteur circulaire du ciel et sur laquelle s'étendent bout à bout *douze constellations* à peu près de même grandeur. Ce sont : le *Bélier* (appelé ainsi parce qu'alors les béliers et les moutons vont paître dans les prés); le *Taureau* (c'est le temps du labourage); les *Gémeaux* (à cause de la réunion des chevreaux); l'*Écrevisse* (parce que le Soleil semble rétrograder comme l'écrevisse, appelée aussi *cancer*); le *Lion* (parce que cet animal est l'emblème de la force de la chaleur); la *Vierge* (parce que la jeune fille va glaner dans les champs après la moisson); la *Ba—*

lance (parce que les jours sont de 12 heures, comme les nuits); le *Scorpion* (cet animal venimeux est l'emblème des maladies de ce mois); le *Sagittaire* ou *Chasseur* (le premier mot signifie *flèche;* c'est le mois de la chasse); le *Capricorne* (parce que le Soleil semble s'élever, monter, grimper comme la chèvre); le *Verseau* (à cause des pluies abondantes de ce mois); les *Poissons* (c'est l'époque de la pêche). Comme le *Soleil,* dans les mouvemens que notre *globe* exécute autour de lui, semble planer successivement sur cette bande et se joindre à ces douze signes, on dit qu'il en traverse un par mois, qu'il y entre ou qu'il en sort. Vous pensez bien que tout cela est faux, mais c'est pour exprimer les changemens des saisons. Ainsi, les trois premiers signes sont pour le PRINTEMPS, et correspondent à *Mars, Avril, Mai;* les trois suivans à l'ÉTÉ, et correspondent à *Juin, Juillet, Août;* les trois autres, à l'AUTOMNE, correspondent à *Septembre, Octobre, Novembre;* les trois derniers enfin, à l'HIVER, et correspondent à *Décembre, Janvier, Février,* et comme on dit que le Soleil entre dans chacun de ces signes le 21 de chaque mois, vous pourriez me dire facilement dans quel signe nous sommes aujourd'hui. Les constellations boréales sont au nombre de 41, les plus remarquables sont : la *petite Ourse,* contenant 22 étoiles, et parmi elles l'étoile polaire qui se trouve à l'extrémité de la queue : la *grande Ourse* ou chariot de David, composée de 87 étoiles; *Céphée,* 58 étoiles; le *Dragon* 85, le *Bouvier* 70, la *Chevelure de Bérénice* 48, etc.

Les principales constellations Australes sont : *Sirius*

ou le grand Chien, 54 étoiles; la *Baleine*, 102 étoiles; *Orion*, 90 étoiles; le *petit Chien*, l'*Eridan*, la *Licorne*, l'*Autel*, etc.

Pendant six mois de l'année une moitié de la voûte céleste est visible pendant la nuit, et l'autre pendant le jour; six mois plus tard la terre s'étant transportée de l'autre côté du soleil, la première moitié du ciel n'est plus visible que de jour, et la seconde devient visible de nuit : à cause de cette circonstance, on divise encore la voûte céleste en deux hémisphères, l'hémisphère d'hiver et l'hémisphère d'été.

Rappelez-moi de vous expliquer plus tard la cause de ces changemens de saisons.

Le ciel est trop brillant pour que nous le quittions déjà. Vous me faites remarquer avec étonnement une étoile qui file, qui tombe; c'est une illusion de vos yeux : en y réfléchissant bien, vous vous seriez dit qu'un *monde* ne peut pas tomber; et d'ailleurs, où irait-il, puisque le ciel n'est autre chose que l'espace vide qui entoure chaque étoile? Qu'est-ce donc que ces espèces d'*étoiles tombantes*? Les uns disent que ce sont des feux qui s'allument dans l'air, des étincelles qui de loin nous paraissent de petits globes; d'autres croient que ce sont des corps sphériques incomplets, qui errent dans l'espace, parcourant tous les systè- mes; quand ils entrent dans le nôtre, le principe d'abstraction les entraîne avec une vitesse excessive.

Pourquoi, dites-vous, y a-t-il des étoiles qui sont vacillantes et d'autres dont la lumière est tranquille? L'observation est très-juste et très-importante. Écou- tez-moi : les astres qui ont une lumière par eux-mêmes, les *corps lumineux*, en général, lancent de tous côtés des rayons et sont par conséquent toujours en agitation. Examinez un chandelle.

Les astres qui reçoivent cette lumière sont des corps obscurs, et par conséquent leur lumière *reçue* doit être tranquille. On a donc établi une distinction. Les premiers astres sont nommés *étoiles fixes,* parce qu'ils semblent rester en place; les seconds, *étoiles errantes* ou *planètes,* parce qu'ils planent autour de cette belle étoile voisine de nous, que nous appelons *Soleil*. La terre que nous habitons est une de ces planètes. Il y a encore d'autres petits astres obscurs qui accompagnent les planètes en tournant autour d'elles, et qu'on nomme pour cette raison *satellites*.

La *Lune* est le satellite de notre Terre.

Tout cet ensemble de planètes tournant autour du soleil, de *satellites* tournant autour des *planètes,* forment ce qu'on appelle le *Système planétaire*.

Voyez là bas cette petite étoile accompagnée d'une espèce de chevelure lumineuse, c'est une *comète :* jouissez maintenant de sa vue, car vous ne la verrez pas de longtemps. Ces astres sont des étoiles errantes (rien n'est certain à cet égard), n'apparaissant qu'à de longs intervalles et à des époques, pour la plupart, inconnues, parce qu'elles décrivent autour du soleil des ellipses très-allongées. La matière qui forme la chevelure des comètes est si rare et si diaphane, qu'on aperçoit les plus petites étoiles au travers. On a compté jusqu'ici 140 comètes; mais trois seulement ont été constatées : la première revenue au bout de 76 ans, on la nomme la comète de Halley et de Clairaut;

(1682;) la seconde, après une révolution de 6 ans 3|4, c'est celle de *Biela* et Gambart; la troisième enfin paraît tous les 1,200 jours, c'est celle de Pons ou de Enke. On cite la comète de 1811, parce que le vin de cette année fut excellent. Quelques personnes craignent qu'une comète ne vienne choquer la terre. N'en concevez pas de frayeur. Les comètes n'ont aucune influence sur la terre : il n'y a que les ignorans, les gens superstitieux qui les regardent comme des messagers de malheur.

Les *étoiles fixes* dans les révolutions qu'elles tracent dans le ciel semblent toutes se mouvoir autour d'un point immobile. Ce point immobile qui se confond presque avec une étoile voisine nommée *étoile polaire*, est situé au *vrai nord*. Quiconque dans nos pays, et dans la moitié du globe à laquelle nous appartenons, se dirige vers l'étoile polaire, marche vers le nord : aussi, avant qu'on eût trouvé la *boussole* (ou aiguille dont un des bouts aimantés se dirige toujours vers le nord) la connaissance des astres était-elle très-utile pour se diriger la nuit sur mer et sur terre. Je crois que vous retiendrez facilement le nom de celui qui perfectionna la boussole, c'est Flavio di Gioja, Napolitain, qui vivait dans le 14e siècle (1306), d temps de Philippe-le-Bel.

A quel dessein pensez-vous que ces corps brillans aient été jetés dans l'espace, par Dieu? Ces étoiles, nous vous l'avons dit, sont elles-mêmes d'autres soleils autour desquels circulent d'autres planètes habitées par d'autres races d'êtres animés comme nous, mais faits différemment. L'esprit n'est-il pas confondu à l'idée de cette immense quantité d'êtres qui peuplent l'espace? mais n'est-ce pas une raison pour élever des actions de grâces vers le trône du Tout-Puissant? Disons avec de Fontanes, écrivain remarquable du 19ᵉ siècle, sous le règne de Napoléon :

> Habitans inconnus de ces sphères lointaines,
> Sentez-vous nos besoins, nos douleurs et nos peines?
> Connaissez-vous nos arts? Dieu vous a-t-il donné
> Des sens moins imparfaits, un destin moins borné?
> Royaumes étoilés, célestes colonies,
> Peut-être enfermez-vous ces esprits, ces génies,
> Qui, par tous les degrés de l'échelle du ciel,
> Montaient, suivant Platon, jusqu'au trône éternel.
> Si pourtant loin de nous, dans ce vaste empyrée,
> Un autre genre humain peuple une autre contrée;
> Hommes, n'imitez pas vos frères malheureux,
> En apprenant leur sort, vous gémirez sur eux;
> Vos larmes mouilleraient vos fastes lamentables,
> Tous les siècles en deuil, l'un à l'autre semblables,
> Courent sans s'arrêter, foulant de toutes parts
> Les trônes, les autels, les empires épars,
> Et sans cesse frappés de plaintes importunes,
> Passent en nous contant leurs longues infortunes!

Il est trop tard pour que nous continuions notre conversation; demain nous la reprendrons, et vous serez convaincus, je l'espère, que rien n'est plus intéressant et plus instructif que l'*Astronomie* et la *Cosmographie*, c'est-à-dire la *science des astres* et la *description du monde*.

CHAPITRE II.

LE SOLEIL.

Oui, je le sais, mes amis, nous avons nommé le Soleil parmi les étoiles, et nous ne l'avons pas vu, mais aujourd'hui nous sommes plus heureux; il s'est levé au-dessus de cette ligne qui borne notre vue et qu'on nomme pour cette raison *borneur* ou *Horizon*. Comme il est brillant ! majestueux ! comme il lance des flots de lumière de tous côtés. Hier soir. il éclairait d'autres pays et nous étions plongés dans l'obscurité : ce matin, tout à son aspect a pris un air riant, un air de fête, il fait *jour*. Remarquez : les fleurs ont des couleurs éclatantes, le feuillage est brillant : notre ville est tout éclairée ; les tuiles, les voûtes des maisons étincellent d'or, les eaux de notre rivière reflètent l'azur céleste, et l'image du soleil se multiplie de distance en distance ; mais insensiblement les couleurs vont devenir sombres; un voile, un *crêpe*, pour ainsi dire, va s'étendre sur tous les objets; les ombres et la fraîcheur remplaceront la lumière et les feux du jour : il va faire *nuit*. Paris ne verra pas le soleil, c'est une autre moitié de notre globe ; c'est un autre hémisphère qui sera éclairé : cet hémisphère à son tour sera plongé dans les ténèbres, et le *crépuscule* du matin nous annoncera que le soleil va de nouveau briller sur notre horizon. Cette alternative du *jour* et de la *nuit* prouve la rondeur de notre terre et son mouvement sur elle-même, ou sa *rotation*, en tournant autour du soleil. Cette rotation ou mouvement diurne, (journalier,) se fait en 24 heures; 365 rotations forment une année, c'est-à-dire la *révolution* de la terre autour du soleil. L'année se compose donc de 365 jours.

Chaque jour le soleil éclaire donc toutes les parties de notre globe en 24 heures.

Ainsi toutes les villes du monde ne peuvent avoir midi en même temps : concévez en effet, mes amis, le globe divisé en 360 parties ou *degrés*; toutes ces parties sont éclairées par le soleil en 24 heures; calculez bien et vous verrez qu'en une heure cet astre doit parcourir quinze degrés. Voyez à ma montre, *il est midi précis : quelle heure sera-t-il à une ville quelconque située à 15 degrés à l'orient,* c'est-à-dire du côté où le soleil s'est levé par rapport à Paris? — une heure. —C'est juste ; ayant été éclairés avant nous, les habitans de cette ville doivent compter *une heure de plus. — Quelle heure sera-t-il à une ville quelconque située à 15 degrés de l'occident,* c'est-à-dire où le soleil se couche par rapport à Paris?—Onze heures.—Encore bien; car, étant éclairés plus tard, les habitans de cette ville doivent compter *une heure de moins.*

Nous voyons, il est vrai, tous les matins le soleil paraître au *Levant,* à l'*Orient* ou à l'*Est* (trois mots qui signifient la même chose); s'élever dans le ciel jusqu'à midi, puis descendre et disparaître sous l'horizon, au côté opposé de son lever ou *Couchant,* à l'*Occident* ou à l'*Ouest* (trois mots qui signifient encore la même chose). Nous croirions qu'il fait véritablement ce chemin, qu'il se lève d'un côté pour se coucher de l'autre, ce serait une erreur ; nous venons de voir que ce n'est pas le soleil qui tourne autour de la terre, comme le croyait et l'écrivait un astronome d'Alexandrie, en Egypte, nommé Ptolémée, pendant qu'Antonin-le-Pieux régnait à Rome (2ᵉ siècle après J. C.), mais que c'est la terre qui tourne autour du soleil, ainsi que les planètes, comme l'a prouvé un astronome de Thorn, en Pologne, nommé Copernic (15ᵉ et 16ᵉ siècle après J. C., pendant que Louis XII et François Iᵉʳ régnaient en France.) Le soleil ne change pas visiblement de place ; il est le centre, et comme l'ame, le roi de notre *système planétaire*.

Cependant, s'il n'a pas de révolution sensible, c'est-à-dire s'il ne tourne pas autour d'un autre corps, il a une *rotation* de vingt-cinq jours seize heures. Mais comment, me direz-vous, a-t-on pu savoir cela ?

A l'aide de lunettes qu'a inventées un astronome italien, Galilée (17ᵉ siècle, pendant que Charles IX, Henri III, Henri IV et Louis XIII régnaient en France, de 1564 à 1642), il a remarqué des taches sur ce corps si brillant. Au moyen de ces taches, il a découvert qu'il tourne sur lui-même, parce qu'elles s'aperçoivent d'abord à l'extrémité de l'astre, s'avancent, se voient ensuite à l'autre extrémité, et enfin disparaissent derrière pour paraître de nouveau quelque temps après.

Ces taches sont dans une agitation continuelle, d'un jour à l'autre et même d'heure en heure, elles semblent s'éloigner ou se resserrer, changer de forme, pour disparaître tout-à-fait, ou reparaître dans d'autres parties de la surface solaire, où il n'y en avait point auparavant. L'échelle sur laquelle ces mouvemens s'accomplissent est immense. On a observé des taches dont la circonférence n'est pas moins de 48,000 lieues. Les bords de la tache qui disparaît le plus souvent en six semaines, décrivent plus de 360 lieues par our !

La portion du disque solaire que les taches ne recouvrent pas, est loin d'avoir un éclat uniforme. Le *fond* nous semble parsémé d'une multitude de petits points obscurs ou *pores* toujours en mouvement; dans le voisinage des grandes taches, on observe souvent de larges espaces couverts de *raies* bien marquées, courbes ou à embranchemens et qui sont plus lumineuses que le reste, on les nomme *facules*. Mais me demanderez-vous quelle est la nature de ces taches? On a imaginé plusieurs systêmes, voici le plus curieux et le plus probable, parce que les lois physiques l'appuient :

Il consiste à supposer que toutes les taches sont le corps même du soleil; *corps solide et obscur dont quelques parties sont mises à découvert par suite des immenses oscillations de l'atmosphère lumineuse qui l'entoure.* Ainsi, mes amis, voilà le Soleil d'après ce système de la même nature que nos planètes. Vous pourrez aisément vous le figurer, en regardant la flamme d'une bougie; la mêche donne de temps en temps les parties noires, c'est le soleil avec ses taches; la flamme toujours en agitation, c'est l'atmosphère lumineuse de cet astre qui éclaire les planètes. Vous verrez, dans les *Pourquoi* et *Parce que*, comment un astronome anglais, nommé Newton, (il avait pour contemporains en France Louis XIII, Louis XIV, Louis XV, de 1642 à 1727), a décomposé un rayon solaire. Nous ajouterons seulement que les rayons sont le principe de presque tous les mouvemens qui se produisent à la surface de la terre. Ils donnent naissance aux vents; par leur action vivifiante, les végétaux sont élaborés au sein de la matière inorganique, et ces êtres à leur tour alimentent les animaux et l'homme, et constituent les lits ou *Strate* charbonneux où celui-ci va puiser cet immense dépôt dont s'empare la *Dynamique*, mot qui signifie par lui-même *puissance*, et qu'on applique à la science des forces qui meuvent les corps.

Vous avez entendu paler de l'admirable découverte d'un Français, nommé *Daguerre*; à l'aide de la lumière solaire tous les objets viennent se dessiner comme par miracle sur une planche métallique. C'est le principe de la chambre obscure; mais les objets, au lieu de disparaître sur le tambour, y restent fixés au bout de quelques minutes. On appelle cette nouvelle invention *Daguerréotype* ou *Photomatique*, la science de la lumière.

Ne croyez pas cependant que le Soleil soit au centre du *chemin* ou, comme disent les astronomes, de *l'orbite* que décrit la Terre. Il en est plus ou moins éloigné, et c'est cet éloignement, avec l'inclinaison de notre globe, notre mouvement annuel, qui cause la *diversité des saisons*.

Une chose qui vous surprendra fort, c'est qu'en *Été*, cette saison brûlante, la Terre est plus éloignée du Soleil qu'en *Hiver*. Comment donc fait-il si chaud en Été? Pourquoi les ruisseaux tarissent-ils? Pourquoi la végétation périrait-elle si les pluies ne venaient pas la rafraîchir? Et pourquoi en Hiver, où la Terre est plus rapprochée du Soleil, avons-nous le froid?

Par une cause bien simple. En Été la terre tourne plus lentement, et de plus elle reçoit *verticalement*, c'est-à-dire d'*aplomb*, les rayons du soleil.

En Hiver, au contraire, le mouvement de la terre est plus rapide, et les rayons du Soleil ne lui arrivent qu'*obliquement*.

Vous pouvez, mes amis, vous convaincre de cette vérité en approchant vos doigts de la flamme d'une chandelle : de côté vous ne sentez qu'une très-légère chaleur, mais au-dessus même de la flamme vous vous brûleriez. C'est le moment de vous donner l'explication que je vous ai promise sur les saisons.

Le *plan* dans lequel la terre se meut autour du soleil est applé *Ecliptique* (parce que c'est dans ce cercle imaginaire qu'ont lieu les éclipses).

La ligne courbe, le chemin que la terre parcourt, se nomme *Orbite* d'un mot latin qui signifie *cercle*.

La ligne imaginaire, l'espèce d'*essieu*, autour duquel notre terre fait un tour sur elle-même et sa *rotation* s'appelle *Axe;* par ses deux extrémités l'*axe* aboutit aux deux *pôles*, le *pôle* nord et le *pôle* sud.

Eh bien! cette ligne, cet essieu, cet axe sur lequel la terre tourne n'est pas *perpendiculaire* au *plan* suivant lequel elle tourne autour du soleil.

Il s'écarte de la perpendiculaire de 23°, 27 minutes.

Il suit delà que, lorsque le *pôle nord* est éclairé par le soleil, le *pôle sud* doit se trouver dans l'ombre; et que, comme la terre pendant une année occupe successivement tous les points de sa *ligne courbe* ou *orbite,* six mois plus tard, le *pôle sud* doit être éclairé, et le *pôle nord* se trouve dans l'ombre.

Il y a aussi deux autres époques où les pôles, se trouvant d'une manière égale placés par rapport aux rayons du soleil, reçoivent l'un et l'autre une égale part de rayons. Ces quatre époques de l'année répondent à celles où commencent pour nous les quatre *Saisons.*

Vous comprenez fort bien que, lorsque le pôle nord est éclairé, l'*hémisphère* nord que nous habitons reçoit plus de lumière du soleil que l'*hémisphère* sud, et ses rayons, comme je vous l'ai dit plus haut, nous arrivent *perpendiculairement,* et nous donnent par là plus de chaleur : nous avons l'été. Alors on dit que le soleil est *sur le tropique du Cancer* (retour de l'écrevisse, le 21 juin), et que la Terre est à son *aphélie* (du Grec *Apo,* qui marque l'éloignement, et de *Helios,* Soleil). Le soleil semble alors s'arrêter, c'est ce qu'on nomme *Solstice* d'été (de *Sol* soleil, *Stat* s'arrête).

Six mois après, lorsque le pôle sud est éclairé, le contraire a lieu, les rayons du soleil nous arrivent d'une manière *oblique,* nous en recevons moins de lumière et de chaleur : nous avons l'*Hiver*. Alors, on dit que le *Soleil* est sur le tropique du *Capricorne,* (retour de la chèvre), au 21 décembre, et que la Terre est à son *périhélie* (du Grec *Peri* autour, et *Helios* Soleil). Le soleil semble encore s'arrêter, c'est ce qu'on nomme *Solstice d'hiver.* Aux deux époques intermé-

diaires du *Printemps* et de l'*Automne*, trois mois avant
l'été ou l'hiver, la lumière du soleil se distribue d'une
manière uniforme aux deux *hémisphères*: les deux
pôles sont également éclairés ; c'est ce qu'on nomme
équinoxe du printemps au 21 mars, équinoxe d'automne au 21 septembre ; équinoxe vient de *Equi* égal,
Nox, nuit ; nuits égales.—Ainsi l'inclinaison seule de
l'axe produit ses saisons.

LES SAISONS.

Enfant de la nature, à mes yeux éblouis
Elle étale partout des tableaux inouis.
J'aime à voir le printemps au front paré de roses,
Egayer le gazon de mille fleurs écloses ;
L'été, dans son éclat et dans sa majesté,
Épancher les trésors de sa fécondité.
Après lui, j'aime à voir la triste et pâle automne,
Étendre sur les champs son voile monotone,
Et du haut de son char, couvert d'épais frimas,
L'hiver de ses glaçons hérisser nos climats.

BAUVALAL.

Nous entrerons dans de plus longs détails quand
vous serez assez avancés pour étudier notre Cosmographie et notre Physique détaillées.
Mais je m'aperçois qu'il est temps de rentrer si
nous voulons éviter la pluie. Voyez comme les rayons
du soleil paraissent ; ils vont puiser dans les mers des
molécules ou petites parties, qu'ils réduisent en vapeurs:
ces vapeurs réunies en gouttes plus ou moins grosses,
et ne pouvant plus être maintenues en équilibre,
vont tomber sous le nom de *pluie*.

Cette action du Soleil sur les mers s'appelle *évaporation;* elle n'est pas toujours aussi énergique, mais elle est continuelle. La *chaleur solaire* pompe de la surface des mers, des lacs, des fleuves, des ruisseaux, des eaux en général, des vapeurs plus légères que l'*air atmosphérique* qui entoure notre globe. Ces vapeurs forment les *nuages*, dont l'ensemble se nomme *Ciel.*

Ces nuages sont à leur tour attirés par les montagnes; les molécules qui les composent filtrent dans le sein de ces grandes masses; arrivées au pied, elles forment des sources, ces sources donnent successivement naissance aux ruisseaux, aux rivières, aux fleuves; ces bienfaiteurs de la terre alimentent les mers. C'est ainsi, mes amis, que tout est lié dans la nature par une chaîne admirable; qu'un corps dépend d'un autre corps, et lui est utile à son tour. Cette harmonie que Dieu a mise dans toutes ses œuvres, est une haute leçon pour les hommes. Le bon La Fontaine a bien eu raison de dire :

> Il se faut entr'aider, c'est la loi de nature.

Je ne puis résister au plaisir de vous transcrire les vers de Delille, (poète français des 18e et 19e siècles,) sur les Nuages. Vous les étudierez, mes amis, vous les apprendrez par cœur, et vous en expliquerez toutes les pensées.

> Pour l'océan des cieux, voyez l'astre du jour
> Enlever les vapeurs de l'humide séjour;
> De cette masse d'eau dans les airs emportée
> La force du calcul recule épouvantée.
> Au globe qui fournit ces humides tributs

Le ciel, qui les pompa, rend les flots qu'il a bus :
La mer reprend sa part; à la terre arrosée,
L'autre revient en pluie, en frimas, en rosée.
De ces gaz, de la terre assidus messagers,
Les uns sont plus pesans, les autres plus légers,
Les uns vont sans détour à la céleste voûte;
Les autres, par les monts arrêtés dans leur route,
S'infiltrent dans leur sein; des fleuves, des ruisseaux,
Dans leurs profonds bassins vont former les berceaux;
Sans cesse le soleil emporte les nuages.
Exact à leur retour, constant dans leurs voyages.
Le soleil entretient cet échange éternel
Des vapeurs de la terre et des ondes du ciel:
Ainsi l'eau, l'air, le feu, la terre se répondent,
L'Océan se répare, et nos champs se fécondent.

CHAPITRE III.

MERCURE, VÉNUS.

LA TERRE.

Arrivons par la pensée à *Mercure*, après avoir parcouru 13 millions de lieues; cette planète doit son nom à la promptitude de sa révolution autour du soleil; elle est de 88 jours; sa rotation, de 24 heures. Mercure se meut dans l'espace avec une vitesse de 40 mille lieues à l'heure. Il est rarement visible de la terre; on ne le voit que comme une *tache noire*, quand il passe sur le disque du soleil. On a calculé que la chaleur et la lumière que lui envoie le soleil sont sept fois plus fortes que sur la terre; ainsi sa température serait supérieure a celle de l'eau bouillante. Les astronomes ont calculé que les montagnes de ces planètes peuvent avoir 8,000 toises; Mercure est quinze fois plus petit que la terre.

Nous voici près de *Vénus* et à 25 millions de lieues du soleil. Que cette planète est brillante! on lui donne le nom *d'étoile du Berger,* le matin, parce qu'elle semble précéder ou suivre le soleil, et aussi celui d'étoile du soir ou Vesper; elle est presqu'aussi grosse que la terre. Sa révolution est de 224 jours environ; sa rotation se fait en 23 heures, 21 minutes. De même que Mercure, Venus paraît comme un point noir quand elle passe sur le disque du soleil; elle a une vitesse de 30,000 lieues par heure.—La lumière et la chaleur y sont deux fois plus grandes que sur notre globe.—Mercure et Vénus ont des phases comme la lune.

A l'aide des *Cornes* de son disque on s'est convaincu que les montagnes de Vénus ont plus de 20,000 toises, c'est-à-dire, qu'elles sont quatre à cinq fois plus considérables que celles de notre globe.

Nous voici sur notre terre, éloignée, nous l'avons dit. de 34 à 35 millions de lieues.—La terre est 1,400,000 fois plus petite que le *soleil.*

Elle tourne autour de la terre en 365 jours, 5 heures, 48 minutes, 54 secondes, c'est sa révolution périodique; son mouvement de rotation est de 24 heures. son mouvement de rotation et de révolution se font dans le même sens d'occident en orient; c'est pour cela que le ciel semble aller d'orient en occident. La terre est ronde; on la croyait anciennement *plate* et limitée aux colonnes d'Hercule. De nombreux voyages faits dans toutes les directions, l'alternative du jour et de la nuit, la forme de la terre dans les éclipses de lune, et mille autres *faits* ont prouvé que la *terre* n'est limitée sur aucun point, et qu'*elle a la figure d'un globe, isolé* de toutes parts dans *l'espace,* et environné par le ciel. L'élévation des montagnes, ne détruit en rien cette *sphéroïdité*; la circonférence de la terre est de 9000 lieues et la plus haute montagne (la chaîne de l'Himalaya) n'est que de 2 lieues.

On a déterminé de la manière la plus exacte la grandeur, le volume, la masse de la terre. Le cercle de l'*équateur,* (ligne, vous le savez, qui partage le globe en deux parties égales,) étant divisé en 360 parties, de façon que les lignes verticales menées de chaque point de division forment au centre du globe un *angle d'un degré,* l'espace compris entre chaque point serait appelé degré de *longitude.*

On divisera de la même manière le cercle du *premier méridien* passant à l'observatoire de Paris, et les deux pôles du globe; chaque nouveau point de division sera appelé degré de *latitude.* On partage le degré en 25 lieues et chaque lieue, est de 2,280 toises.

Les degrés de longitude se mesurent sur l'*équateur,* ceux de latitude sur le méridien. Les premiers marquent la distance d'un méridien à l'autre, les autres l'élévation par rapport à l'équateur.

Sur les cartes les degrés de longitude se comptent en *haut* et en *bas.* Les degrés de latitude de *droite* à *gauche.*

3

En procédant aux mesures que vous venez d'étudier, on a reconnu que *la longueur du degré* n'est pas la même en différens lieux du globe et que les degrés occupaient plus de terrain aux pôles qu'à l'équateur. On en a conclu que la terre est aplatie *à ses pôles et renflée à l'équateur ;* cet aplatissement est à-peu-près de cinq lieues par chaque pôle. Nous en verrons *plus tard* les causes physiques.

La terre est entourée de toutes parts d'une masse d'air qu'on nomme atmosphère, (c'est-à-dire sphère de vapeurs), elle s'élève à seize lieues au-dessus du niveau des mers. Elle est retenue sur la terre par sa *pesanteur* ; on trouve que son poids est égal à celui d'une couche d'eau qui au lieu de seize lieues aurait seulement 32 pieds ; nous verrons, dans la *physique popularisée*, quels importants résultats on a obtenus de cette pesanteur. L'air nous transporte les sons, la lumière ; il sert à la conservation de tous les êtres.

La terre parcourt 600 mille lieues par jour et par minute 412 lieues ; un boulet pesant 24 livres chassé par 8 kilogrammes de poudre, ne parcourrait qu'environ 11 lieues dans la première minute de sa course ; si sa vitesse restait la même qu'à la sortie du canon. Les planètes en général ont une vitesse de translation d'autant plus grande qu'elles sont plus rapprochées du soleil ; donc la terre tourne plus vîte en hiver qu'en été.

Pour terminer ces observations sur *la terre,* nous dirons que la surface de ce globe n'est qu'une croûte légère de 15 à 20 lieues qui repose sur un noyau en fusion ; c'est-à-dire que le centre de notre globe est exposé à une chaleur qui serait capable de fondre et de volatiser toutes les substances que nous connaissons à la surface. On ne peut creuser qu'à 1500 pieds, au de-là les mineurs étouffent ; ce feu intérieur s'appelle *feu central*; il a donné primitivement naissance aux montagnes et forme encore les volcans et les tremblemens de terre.

LE FEU CENTRAL.

La terre à tous les yeux raconte son histoire,
Du feu qui l'embrasa tout garde la mémoire ;
Il brûle, il vit encor dans les gouffres profonds.
Cette douce chaleur et ces rayons féconds,
Que le soleil sur nous chaque matin ramène,
Effleurant notre globe, y pénétrent à peine :
Ils sont loin d'égaler le foyer souterrain,
Reste de feux ravis à l'astre souverain ;
Et que le temps a vus dans leur ardeur première,
En torrens enflammés dissoudre la matière,
Vitrifier les rocs et les métaux divers,
Et suspendre en vapeur l'océan dans les airs.
Mais sur le globe enfin les ondes rappelées
D'un continent à l'autre ont rempli les vallées.
Sous la terre, le feu trouvant un aliment,
Compose, décompose, agit incessemment ;
Et lorsqu'il s'éteindra, la sphère refroidie
Roulera dans les cieux une masse engourdie.

CHAPITRE IV.

LA LUNE.

Pendant que nous causions, le soleil a fini d'éclairer notre hémisphère ; il fait *nuit* pour nous. Voilà encore nos belles étoiles ; mais ce soir il fait plus clair ; la Lune, cette compagne de la terre, envoie vers nous la lumière qu'elle reçoit du soleil ; lumière douce, qui s'accorde parfaitement avec le calme et le repos dont nous jouissons. Cette *planète secondaire*, qui nous paraît plus grande que les étoiles, n'est éloignée de nous que de 86,000 lieues, et sa grosseur est environ cinquante fois moindre que celle de la terre.

Nous ne la voyions d'abord pas, parce que le côté qu'elle tourne *toujours* vers nous se trouvait entre le Soleil et la Terre, c'est ce qu'on appelle *Conjonction* et *nouvelle lune ;* elle s'est depuis avancée, et vous la voyez sous la forme d'un *croissant.* Ce croissant s'agrandira peu à peu, et dans *huit jours* le soleil éclairera la moitié de *l'hémisphère ;* c'est que la Lune aura parcouru le quart de son chemin ; on dit alors qu'elle est à son *Premier Quartier.* Huit jours plus tard encore, ayant accompli la moitié de sa révolution, elle tournera vers la Terre toute sa partie éclairée, et elle paraîtra toute ronde : ce sera le temps de la *Pleine Lune,* que l'on appelle *opposition,* parce que le *satellite* est alors du côté opposé au Soleil par rapport à la Terre.

Tandis que la Lune continuera son cercle ou *orbite,* sa moitié éclairée décroîtra peu à peu à vos yeux de la même manière qu'elle s'est agrandie, ce qui produira ce qu'on nomme le *décours* de la lune. Vous verrez encore le petit globe se présenter aux trois quarts, à la moitié éclairée, puis à la moitié de sa moitié; ce sera le *Dernier Quartier.* Puis mes amis, ce quartier ne formera bientôt qu'un *croissant* et enfin se dérobera à vos regards. C'est que la Lune se trouve entre le Soleil et la Terre, autour de laquelle elle a tourné dans une orbite circulaire en 27 jours et près de 8 heures. Mais vous remarquez que, pendant ce chemin, elle vous a toujours montré sa même *face;* c'est qu'elle a fait sa *rotation* en même temps que sa *révolution.* Ces différens aspects de la Lune sont nommés PHASES.

Cette révolution de la Lune autour de la Terre est la cause des *Éclipses.* Ce mot signifie *obscurcissement.*

Il y a éclipse de Soleil lorsque la Lune se trouve *exactement, directement* entre lui et la Terre; alors l'ombre de la Lune se projette sur notre globe. S'il arrive que le disque du Soleil et celui de la Lune soient *concentriques* et qu'en même temps le diamètre apparent de la Lune soit moindre que celui de Soleil, on a le singulier phénomène du Soleil *annulaire;* le bord du Soleil paraît quelques minutes, comme un mince anneau de lumière, étincelant de toutes parts autour du cercle obscur occupé par la Lune.

Il y a éclipse de Lune lorsque la Terre se trouve entre le Soleil et la Lune. La Terre projette alors son ombre sur la Lune,

Il n'y a pas d'éclipses tous les mois parce que les trois corps ne se trouvent pas sur la même ligne. Le plan de l'orbite de la Lune forme, avec *l'écliptique*, un *angle* de 5°–8′–48″ (que l'on nomme simplement l'inclinaison de l'orbe lunaire) et le coupe en deux points opposés qui prennent le nom de *nœuds*. Le *nœud ascendant* est celui où la Lune passe pour aller du sud au nord de l'*écliptique*, et l'autre est le nœud *descendant*. Les points de l'orbite où la Lune se trouve à la plus grande et à la plus petite distance de la Terre, s'appellent respectivement l'*apogée* et le *périgée*; la ligne qui les joint et qui passe par le centre de la Terre est la ligne des *apsides* d'un mot qui signifie *courbure*.

On croit que les *marées*, , c'est-à-dire l'élévation ou le *flux*, et l'abaissement ou le *reflux* de eaux de la mer à des intervalles de temps réglés, le matin ou le soir, proviennent de l'influence de la Lune et du Soleil sur les mers; car remarquez bien, mes amis, que tous les corps célestes exercent une *attraction* les uns sur les autres. C'est ainsi que les *planètes* sont attirées vers le Soleil, qu'une pierre lancée dans l'*air* est attirée par la Terre.

La Lune et le Soleil tendent donc à soulever les mers qui sont mobiles, et ce soulèvement produit les *marées*. Ceux de vous, mes amis, qui ont visité les ports de mer pendant leurs vacances, comprendront beaucoup mieux cet admirable spectacle. On croit généralement que la Lune est privée d'atmosphère; il ne peut donc y avoir ni mers, ni lacs, ni fleuves, ni rivières, ni végétaux, et par conséquent il n'y aurait pas d'animaux. S'il y avait des *sélénites* ou habitans de la Lune, leur constitution serait étrange puisqu'ils ne pourraient ni respirer, ni boire, ni manger, ni entendre, ni odorer etc. Quand dernièrement on a parlé d'un télescope au moyen duquel on avait remarqué des habitans dans la Lune, l'auteur a voulu faire une mystification qui a trouvé beaucoup de dupes parce que les connaissances cosmographiques sont encore peu repandues.

CHAPITRE V.

LES PLANÈTES.

Nous avons parlé successivement des *étoiles* et du *Soleil,* de la *Terre* et de la *Lune,* il nous reste à nous occuper successivement des planètes, dont nous avons déjà remarqué la lumière.

Vous vous rappellerez, mes amis, que les *Planètes* ou astres errans ont été ainsi nommées, parce que, malgré la régularité de leurs mouvemens, elles changent continuellement de place, soit entr'elles, soit par rapport aux *étoiles fixes,* dans la course qu'elles font autour du *Soleil,* placé au milieu des orbites qu'elles parcourent les unes au dessus des autres.

Nous l'avons vu : La plus petite *Planète* et la plus voisine du *Soleil* se nomme *Mercure.* On ne la voit que comme un point obscur sur la face du Soleil, vient ensuite *Vénus ;* elle scintille et brille comme les autres étoiles ; on la nomme successivement l'*étoile du Matin* et l'*étoile du Soir*.

Puis la *Terre*, dont nous avons parlé, accompagnée de la Lune, son *satellite*.

Puis *Mars*, où l'on découvre quelquefois des bandes, les unes obscures, les autres claires ; c'est la planète qui a le plus d'analogie avec notre globe. Il tourne sur lui-même en 24 heures 31 minutes; autour du Soleil en 686 jours 23 heures ; et fait à peu près 20,000 lieues par heure. Sa lumière obscure et rougeâtre est attribuée à une atmosphère épaisse, nébuleuse ; sa chaleur, comme cette lumière, n'est que les 4/9 de celle de la Terre. Quatre *planètes* qu'on ne voit qu'à l'aide de *télescopes*, et qu'on appelle pour cette raison *télescopiques*, ce sont : *Vesta, Junon, Cérès, Pallas*; ces corps découverts dans le 19ᵉ siècle sont peut-être les fragmens d'une planète primitive qu'une cause inconnue aurait brisée. *Jupiter* avec ses quatre satellites; *Saturne*, dont la lumière est plombée, entouré d'un bel *anneau lumineux*, détaché de la planète d'environ 10 mille lieues, et d'une épaisseur de mille lieues. Saturne est 900 fois plus gros que la Terre, et la lumière et la chaleur y sont 90 fois moindre que sur la Terre. Son année est de 30 ans, il a sept lunes; enfin *Uranus* ou *Herschell*, avec six *lunes*. Cette dernière planète est si éloignée qu'elle ne fait qu'une seule révolution autour du Soleil pendant que la Terre en fait quatre-vingt-quatre. Uranus présente une teinte un peu bleuâtre assez brillante; la distance au soleil est de 662 millions de lieues, et la chaleur qu'il en reçoit est 400 fois moindre que la nôtre. Herschel fils, a fait récemment des observations sur la planète découverte par son père; il en résulterait qu'au lieu de sept lunes il n'en faut plus compter que deux; ce qui reduirait d'autant le nombre des satellites connus. L'année de Jupiter est de 84 ans 29 jours, il est 80 fois plus gros que la Terre.

Ainsi, onze planètes entourent notre Soleil : trois sont plus petites que la Terre, ce sont : Mercure, Vénus, Mars; et trois sont plus grosses : Jupiter, Saturne, Uranus. Jupiter seul est quatorze fois plus gros; toutes ces planètes présentent des ressemblances parfaites avec notre globe; ne devons-nous pas penser qu'elles sont habitées? autrement ces globes seraient inutiles, et n'y aurait-il donc que le *plus petit* qui renfermerait des êtres capables de louer le Seigneur de toutes les merveilles de l'univers? Mais comment, me direz-vous, tous ces vingt-neuf *mondes* vont-ils circuler dans l'espace sans se briser les uns contre les autres, sans être brisés par le Soleil? C'est, mes amis, que tous ces différens corps obéissent avec une exactitude, une régularité constante, à des lois dignes de toute notre admiration , et dont nous devons la découverte à un savant anglais des 17e et 18e siècles, nommé Newton (de 1642 à 1726), pendant que Louis XIII, Louis XIV et Louis XV régnaient en France.

Deux de ces lois sont connues : c'est le mouvement de *Projection* et le mouvement d'*Attraction*. Par la loi de *Projection*, les planètes tendent à s'éloigner du centre du Soleil.

L'*Attraction* tend à les diriger vers le *centre du Soleil*.

La combinaison de ces deux forces ou mouvemens fait que les planètes décrivent en plus ou moins de temps une ligne courbe autour du Soleil. Elle maintient la distance établie entre ces corps depuis la Création. Chacun d'eux attire à soi tous les autres comme il en est attiré; une correspondance générale d'*attraction* et de *projection* réciproques les unit en les divisant. Leurs sphères se soutiennent sans se choquer; les *soleils* qui les illuminent, se réfléchissent leurs rayons, pour qu'une seule lumière ne soit pas perdue dans l'espace. Il semble, dit un ami de la jeunesse, que l'Éternel ait voulu tracer dans cette même loi le plus grand principe de la morale humaine :

Mortels, aidez-vous mutuellement de vos lumières et de vos forces; tendez les uns vers les autres, sans vous écarter de la sphère où vous a placés ma Providence. Cet ordre est établi pour votre bonheur, comme pour le monde et l'univers.

> Pourquoi ces mouvemens et ces orbes divers,
> Qu'onze mondes errants tracent dans l'univers?
> Quel pouvoir auprès d'eux retient leurs satellites?
> Où l'ardente comète a-t-elle ses limites?
> Pourquoi l'astre du jour, sur son axe agité,
> Vers le centre commun semble-t-il arrêté?
> Pourquoi le firmament s'ébranle-t-il lui-même?
> Tout fut lancé des mains du créateur suprême :
> Tout pèse, attire, fuit, par un destin pareil;
> Le moindre grain de sable attire le soleil.
> Soumis aux mêmes lois, doués d'une puissance
> Qui s'accroît par leur masse et perd par la distance,
> Les astres voyageurs dans les plaines du ciel

COSMOGRAPHIE.

Exercent l'un sur l'autre un effort mutuel.
Le pouvoir balancé de leurs forces rivales,
De ces corps inégaux fixe les intervalles :
C'est là que, produisant l'équilibre commun,
Pesant de tous côtés, ils ne tombent d'aucun.
Mais ces globes enfin, comment à leur surface
Retiennent-ils des corps renversés dans l'espace ?
Quelle loi leur défend de s'y précipiter ?
L'universelle loi qui fait tout graviter !
L'espace sur les corps n'exerce aucun empire :
Tomber, c'est s'approcher du point qui nous attire,
Chaque astre nous dira, fidèle aux mêmes lois,
Sa vitesse, son cours, sa distance et son poids ;
Le soleil, au milieu des globes qu'il rassemble,
Pèse seul huit cents fois tous ces mondes ensemble.
La main qui mesura le soleil étonné,
Décompose un rayon de son disque émané,
Ramène la comète, enfle les mers profondes,
Et sur leurs fondemens assied enfin les mondes.

DARU.

Maintenant, mes amis, vous rassemblerez dans un seul tableau toutes les petites notions d'Astronomie que vous avez recueillies dans nos conversations, et quand nous ferons une étude spéciale de cette science, vous lirez avec toute l'attention dont vous êtes capables la Géométrie de M. Lamé Fleury, et notre Cosmographie racontée à la jeunesse.

COSMOGRAPHIE POÉTIQUE.

Le Génie est amant des grottes, des ombrages ;
Des ruisseaux égarés il cherche les rivages ;
Les antiques Buffons, les modernes Thalès,
Aiment ces bords secrets consacrés à Palès ;
Sur la cime des monts que les sapins couronnent,
L'ame prend la hauteur des cieux qui l'environnent,
Par un commerce heureux s'y mêle au pur éther,
Et semble y respirer l'ame de Jupiter.
C'est de là que nos yeux, sans voiles, sans obstacles,
De la Nature entière embrassent le spectacle ;
C'est de là que, prenant un vol rapide et sûr,
Jusqu'où le Ciel étend ses pavillons d'azur,
Une sphère à la main la sublime Uranie
De l'Olympe foulait la carrière aplanie,
Des abîmes du Ciel tentait la profondeur,
De la terre inclinée alongeait la rondeur,
Depuis qu'un verre, armant l'œil de nos zoroastres,
Fit descendre le ciel et nous prêta les astres.
Elle entraîne à son char ce peuple étincelant
D'étoiles que nourrit un feu pur et brillant,
Ce soleil écoulé d'une source première,
Astre d'or qui répand des fleuves de lumière,
Et Mercure, et ce globe aux rayons empruntés,
Réparant l'or du jour par ses feux argentés,

4

Vénus et Jupiter, Mars et le noir Saturne
Qui roule loin de nous son globe taciturne,
Ce flux et ce reflux de l'Océan des airs,
Ces astres balancés dans leurs vastes déserts,
Les fuites, les retours, les cercles, les ellipses,
Des feux dont nos calculs ont prédit les éclipses.
Qu'il est beau de franchir loin des vulgaires yeux,
Ces abîmes d'azur où nagent tant de cieux,
Par quel rapide essor la sublime pensée,
Des prisons du cerveau tout à coup élancée,
Suit-elle dans leur cours ces vastes tourbillons
Qui tracent sur l'éther d'invisibles sillons?

L'immensité des Cieux.

Oh! comme en voyageant dans le vaste empyrée,
L'imagination parle à l'ame inspirée!
Les soleils aux soleils succèdent à nos yeux;
Les cieux évanouis se perdent dans les cieux;
De la création je crois toucher la cime,
Et soudain à mes pieds se montre un autre abime.
O prodige! le monde allait s'agrandissant;
Le monde tout à coup s'abaisse en décroissant;
De degrés en degrés s'étend la chaîne immense;

L'infini s'arrêtait, l'infini recommence.
J'atteins par la pensée, ou le verre, ou mes yeux,
Tout ce qui remplit l'air, ou la terre, ou les cieux;
Ne voyant plus de terme où l'univers s'arrête,
Des mondes sous mes pieds, des mondes sur ma tête,
Je ne vois qu'un grand cercle où se perd mon regard,
Dont le centre est partout, et les bords nulle part;
Planètes, terres, mers, en merveilles fécondes,
Et par-delà ces mers, ces planètes, ces mondes,
Dieu, le Dieu créateur, qui pour temple a le ciel,
Les astres pour cortège, et pour nom l'Eternel.

DELILLE.

Le Soleil.

Centre de l'univers et monarque du jour,
Le soleil cependant, immense, solitaire,
Dans son orbe lointain voit rouler notre terre.
Il échauffe, il nourrit de ses jets éclatans
Ces globes, loin de lui, dans le vide flottants,
Et, les animant tous de ses clartés fécondes,
De ses rênes de feu guide et retient les mondes.
Lui seul de l'univers supportant le fardeau,
Il en est le foyer, l'axe et le flambeau :
En tournant sur lui-même il échauffe sa masse,
Et dispense ses feux jusqu'au bord de l'espace;
Ardent, inépuisable en sa fécondité,

Inébranlable et fixe en sa mobilité.
Soleil ! astre sacré, contemple ton empire !
Tout vit par tes regards, tout brille, tout respire !
Souverain des saisons, le monde est ton palais,
Les globes sont ta cour, et le ciel est ton dais.
Notre terre à tes yeux sans fin se renouvelle,
Et roulant nos débris sur sa route éternelle,
Le temps emporte tout, mais il ne t'atteint pas.
Les révolutions, longs tourments des états,
Ebranlent notre globe et te sont étrangères ;
Tu n'es jamais troublé du bruit de nos misères ;
Et ton front toujours calme éclaire les tombeaux,
Des peuples dont tu vis s'élever les berceaux.
Qui pourrait s'égaler à ta vaste puissance ?
Ta présence est le jour, et la nuit ton absence ;
La nature sans toi, c'est l'univers sans Dieu.

CHÊNEDOLLÉ.

L'Arc-en-Ciel.

Mais que l'astre du jour après un long orage
Dans d'humides vapeurs lance au loin son image,
Qu'il montre à nos regards si doucement surpris
Ses rayons divisés sur l'écharpe d'Iris,
Ce grand arc qui des cieux traverse l'étendue,
Ce prisme suspendu dont s'embellit la nue,
Où par d'heureux accords, cette couleur qui luit

Tient du ton qui la quitte et du ton qui la suit,
Où par l'effet d'un art invisible et suprême,
Cette teinte n'est plus et semble encor la même;
Où, laissant voir partout d'insensibles rapports,
Le contraste des tons ne paraît qu'aux deux bords.

LEMIERRE.

Tableau d'une Aurore boréale.

—

Là brillent à la fois le luxe des métaux,
Et la soie en tissus, et le sable en cristaux,
Tonte la pompe enfin des plus riches contrées,
Là même quelquefois les plaines éthérées
Des palais du midi versent sur les frimas
Un éclat que l'hiver refuse à nos climats;
D'un groupe de soleil l'Olympe s'y décore :
Prodige de clarté, qui pourtant cède encore
Aux flammes dont la nuit fait resplendir les airs.
Aussitôt que son char traverse leurs déserts,
Une vapeur qu'au nord le firmament envoie,
S'y déployant en arc, trace une obscure voie,
S'alonge, et parvenue aux portes d'occident,
Vomit, nouvel Hécla, les feux d'un gouffre ardent.
Dans les flancs d'un brouillard la flamme impétueuse
Vole, monte et se courbe en voûte lumineuse,
Qu'une autre voûte encor plus brillante juvestit,
Tandis que dans leurs feux la vapeur s'engloutit,

Ces dômes rayonnans s'entrouvent, et superbes,
Lancent en javelots, en colonnes, en gerbes,
En globes, en serpents, en faisceaux enflammés,
Tous les flots lumineux sous la nue enfermés.
Mais, ô crédulité! dans l'aurore polaire,
Le peuple voit ses dieux qui, brûlant de colère,
Menacent à la fois d'un vaste embrasement
Et la terre, et les mers, et le haut firmament.

ROUCHER.

Le système de Ptolémée.

O quels nouveaux écarts, et combien d'ignorance,
Orgueilleux Ptolémée, est jointe à ta science!
Le roi du jour, par toi de son trône exilé,
A tourner près de nous fut mille ans appelé,
Et, des lois d'un vassal notre terre affranchie,
Méconnut du soleil la haute monarchie.
Les orbes l'un sur l'autre entassés follement
Roulaient trop compliqués dans l'étroit firmament,
L'erreur, en s'écartant de la loi des distances,
Multiplia les chocs de ces globes immenses,
Et de l'esprit humain l'essor ambitieux
Porta ses embarras dans l'empire des cieux;
Sur tous ces globes d'or égarant son audace,
Il changea leurs emplois, leurs rapports et leurs masse,
Il fit de l'empyrée un chaos de splendeur,
Où la confusion remplaçait la grandeur,

Le système de Copernic.

—

A l'arrêt du destin contrainte de souscrire,
La terre enfin a vu renverser son empire ;
Dans ses premiers honneurs le soleil rétabli
Voit les cieux empressés s'incliner devant lui,
Et son globe immortel au centre de l'espace,
Plus brillant que jamais, vient reprendre sa place ;
Tous les astres épars ralliés à sa voix
Sont ravis de marcher de nouveau sous ses lois.
A la terre Phœbé reste seule fidèle,
Et refuse de suivre une route nouvelle.

RICARD.

Système de Tycho-Brahé.

—

En vain les préjugés sonnèrent contre lui,
En vain Tycho-Brahé, lui cherchant un appui,
Soutient la terre fixe et le soleil mobile ;
En vain, pour le prouver, il cite l'Evangile,
Son système batard n'a duré qu'un moment.

GUDIN.

Système de Newton.

—

. . . . Déjà de la carrière
L'auguste vérité vient m'ouvrir la barrière;
Déjà ces tourbillons, l'un par l'autre pressés,
Se mouvant sans espace, et sans règle entassés,
Ces fantômes savans à mes yeux disparaissent;
Un jour plus pur me luit, les mouvemens renaissent;
L'espace, qui de Dieu soutient l'immensité,
Voit rouler dans son sein l'univers limité;
Cet univers si vaste à notre faible vue,
Et qui n'est qu'un atome, un point dans l'étendue.
Dieu parle, et le cahos se dissipe à sa voix :
Vers un centre commun tout gravite à la fois;
Ce ressort si puissant, l'âme de la nature,
Etait enseveli dans une nuit obscure;
Le compas de Newton, mesurant l'univers,
Lève enfin ce grand voile, et les cieux sont ouverts.
Il découvre à mes yeux, par une main savante,
De l'astre des saisons la robe étincelante;
L'émeraude, l'azur, le pourpre, le rubis,
Sont l'immortel tissu dont brillent ses habits;
Chacun de ses rayons, dans sa substance pure,
Porte en soi les couleurs dont se peint la nature,
Et, confondus ensemble, ils éclairent mes yeux.
Ils animent le monde et remplissent les cieux.
Confidens du très-haut, substances éternelles,
Qui brûlez de ses feux, qui couvez de ses ailes
Le trône où votre maître est assis parmi vous,
Parlez; du grand Newton n'étiez-vous point jaloux?

VOLTAIRE.

Système de Descartes.

Descartes, de son temps la lumière et l'honneur,
Descartes, des mortels le sage bienfaiteur,
Vainqueur des préjugés qui les tenaient esclaves,
De la raison enfin sut briser les entraves,
D'un pouvoir usurpé borna l'autorité,
Et de trop longs mépris vengea la vérité ;
Il frappa les esprits de ce jour salutaire,
Dont encore aujourd'hui le flambeau nous éclaire ;
Sa méthode profonde, assurant nos regards,
Dans les champs du savoir trouva bien des écarts.
Moins heureux, il est vrai, quand d'une main féconde
Il voulut à son gré récompenser le monde :
Il crut que l'univers dans tout son contenu
D'aucun vide jamais n'était interrompu ;
Que ce plein, composé d'une triple matière,
Avait formé des corps la substance première ;
Et pour faire mouvoir tous les êtres divers,
Même ces vastes corps qui, portés dans les airs,
Avec rapidité parcourent leur carrière,
Et des plaines du ciel atteignent la barrière.
Il avait supposé que l'espace des cieux,
Où dans l'ombre des nuits étincellent les feux,
Que ce tissu brillant de la voûte azurée
Etait d'un air subtil la substance épurée ;
Que dès le moindre choc cet air pur et léger

Par l'approche des corps se laissait partager ;
Que ces globes épais, dans leur course rapide,
Par leur masse pesante écartaient ce fluide,
Comme on voit un vaisseau poussé par l'aviron
Imprimer sur les flots un mobile sillon.
Mais quel appui donner à ces globes immenses,
Que séparent entre eux les plus vastes distances ?
Quel ressort dans les airs dirigera leur cours ?
Quel pouvoir assez fort les soutiendra toujours ?
Quel contre-poids enfin dans un si long espace,
Sans jamais lui céder balancera leur masse ?
C'est alors que l'erreur, lui fascinant les yeux,
Il alla concevoir ces tourbillons fameux
Où chaque astre, emporté par une marche oblique,
Dans un centre commun parcourait l'écliptique !

RICARD.

La gravitation ou pesanteur universelle.

Pénétrez de Newton l'auguste sanctuaire,
Loin d'un monde frivole et de son vain fracas,
De tous les vils pensers qui rampent ici-bas,
Dans cette vaste mer de feux étincelante,
Devant qui notre esprit recule d'épouvante,
Newton plonge, il poursuit, il atteint les grands corps,
Qui jusqu'à lui sans lois, sans règles, sans accords,

Roulaient désordonnés sous les voûtes profondes ;
De ces brillans chaos Newton a fait des mondes ;
Atlas de tous ces cieux qui reposent sur lui,
Il les fait l'un et l'autre et la règle et l'appui ;
Il fixe leurs grandeurs, leurs masses, leurs distances.
C'est en vain qu'égarée en ces déserts immenses,
La comète espérait échapper à ses yeux ;
Fixes ou vagabonds, il poursuit tous ces feux
Qui, suivant de leurs cours l'incroyable vitesse,
Sans cesse s'attirant, se repoussant cesse,
Et par deux mouvemens, mais par la même loi,
Roulent tous l'un sur l'autre, et chacun d'eux sur soi.
O pouvoir du génie et d'une âme divine,
Ce que Dieu seul a fait, Newton seul l'imagine ;
Et chaque astre répète en proclamant leur nom :
Gloire au Dieu qui créa les mondes et Newton !

Delile.

Les Étoiles.

Il est pour la pensée une heure.... une heure sainte,
Alors que, s'enfuyant de la céleste enceinte,
De l'absence du jour pour consoler les cieux,
Le crépuscule aux monts prolonge ses adieux.
On voit à l'horizon sa lueur incertaine,
Comme les bords flottans d'une robe qui traîne,
Balayer lentement le firmament obscur

Où les astres ternis revivent dans l'azur.
Alors ces globes d'or, ces îles de lumière,
Que cherche par instinct la rêveuse paupière,
Jaillissent par milliers de l'onde qui s'enfuit,
Comme une poudre d'or sous les pas de la nuit;
Et le souffle du soir, qui vole sur sa trace,
Les sème en tourbillons dans le brillant espace.
L'œil ébloui les cherche et les perd à la fois;
Les uns semblent planer sur les cîmes des bois,
Tel qu'un céleste oiseau dont les rapides ailes
Font jaillir en s'ouvrant des gerbes d'étincelles;
D'autres en flots brillans, s'étendent dans les airs
Comme un rocher blanchi de l'écume des mers;
Ceux-là, comme un coursier volant dans la carrière,
Déroulent à longs plis leur flottante crinière;
Ceux-ci sur l'horizon se penchant à demi,
Semblent des yeux ouverts sur le monde endormi,
Tandis qu'au bord du ciel de légères étoiles
Voguent dans cet azur comme de blanches voiles
Qui, revenant au port d'un rivage lointain,
Brillent sur l'Océan aux rayons du matin.
De ces astres brillans, son plus sublime ouvrage,
Dieu seul connaît le nombre, et la distance et l'âge:
Les uns, déjà vieillis, pâlissent à nos yeux,
D'autres se sont perdus dans la route des cieux;
D'autres, comme des fleurs que son souffle caresse,
Lèvent un front riant de grâce et de jeunesse,
Et, charmant l'orient de leurs fraîches clartés,
Etonnent tout-à-coup l'œil qui les a comptés,
Dans l'espace aussitôt ils s'élancent.... et l'homme,
Ainsi qu'un nouveau-né, les salue et les nomme.

LAMARTINE.

La Voie lactée.

Dans l'astre des Gémeaux une faible blancheur
Montre à l'œil attentif un sillon de lueur.
Quelle est donc cette voix au rapport de ma vue,
A qui le verre donne encor plus d'étendue?
C'est un amas de feux fixes au firmament.
De notre globe au leur tel est l'éloignement,
Que l'esprit se confond en sondant leur distance.

DULARD.

Les douze signes.

Le Bélier, fier de sa toison,
Qui marque une riche parure,
En nos climats, de la verdure
Annonce l'aimable saison,
Le Taureau, c'est le labourage;
Les Gémeaux, la fécondité,
Et de l'amitié le doux gage.
L'Ecrevisse est la simple image
Du soleil qui s'est arrêté,
Et, versant les feux de l'été,
Ramène vers nous son voyage.

5

Le lion nous peint la vigueur,
Le pouvoir et sa violence,
Et la dévorante chaleur
Dont juillet nourrit sa présence;
O Vierge, emblême d'innocence,
Un bouquet d'épis dans les mains,
De Cérès montre l'abondance,
Et prescris-nous la tempérance
Si rare parmi les humains.
Toi, signe exact de la Balance,
Egalise la nuit au jour,
Et montre-nous par cet emblême
Que là haut l'équité suprême
Doit nous peser à notre tour.
Et toi, Scorpion, triste signe
De maladie et de fléaux,
Viens nous rappeler que nos maux
Sont de l'homme un partage insigne.
Sagittaire, prends ton carquois,
Peins-nous, au départ de l'automne,
Le chasseur courant dans le bois,
Poursuivant le lièvre aux abois
Ou l'oiseau qui les abandonne.
Enfin, au retour des frimas,
Capricorne, tes pieds se dressent,
Tu rends encore à nos climats
Les coursiers du jour qui se pressent,
Tandis que l'humide Verseau
Prodigue et de pluie et de neige,
De Janvier, au frileux cortège,
Va terminer le cours nouveau.

Et que les deux enfans de l'onde,
Les Poissons, sauveurs des amours,
Après avoir mouillé le monde,
Rentrés dans la vague profonde,
Laisseront briller les beaux jours.

Albert de MONTÉMONT.

Les Zones.

Pour régler nos travaux, pour marquer les saisons,
L'art divin du ciel, les vastes régions,
Soleil, âme du monde, océan de lumière,
Douze astres différens partagent ta carrière.
Cinq zones de l'Olympe embrassent le contour :
L'une, des feux brulants est l'aride séjour;
Deux autres, qu'en tout temps attriste la froidure,
Des deux pôles glacés ont formé la ceinture :
Mais, entre ces glaçons et ces feux éternels,
Deux autres ont reçu les malheureux mortels,
Et dans son cours brillant bornent l'oblique voie
Où du Dieu des saisons la marche se déploie.

VIRGILE.

Planètes.

—

La splendeur du soleil ne m'a point dérobé
Mercure, qui paraît dans ses feux absorbé,
Ni Vénus qui, vers moi renvoyant sa lumière,
Tantôt m'offre un croissant, et tantôt une sphère :
Près de l'astre du jour nul astre ne les suit;
La terre n'est point seule en formant son circuit,
La lune, en tous les temps sa compagne fidèle,
De phases s'embellit en tournant autour d'elle,
Lui présente un seul flanc, et prolongeant ses jours,
En tournant sur son axe elle achève son cours.
Mars, des traits du soleil est plus loin que la terre,
N'importe, dans les cieux il marche solitaire.
De ses profondes nuits rien n'adoucit l'horreur;
Jupiter, dont les nuits ont bien moins de longueur,
Pour l'éclairer encore a quatre satellites
Qu'il retient près de lui dans d'étroites limites.
Saturne offre à nos yeux un spectacle assez beau,
Il nous montre son globe au centre d'un anneau,
Tandis qu'autonr de lui sept lunes circulantes
Rassemblent du soleil les flammes expirantes :
Enfin, l'astre d'Herschell, beaucoup plus écarté,
De six lunes encor nous paraît escorté;
Compagnons du soleil, de grosseurs inégales,
Ils ne sont point entre eux à pareils intervalles.
Tous les sept de lui empruntant leurs clartés,
Sont dans le même temps autour de lui portés,
Et n'osant s'écarter que peu de l'écliptique,
Tracent obliquement une course elleptique.

GUDIN.

Comètes.

Mais quel œil vous suivra, mondes désordonnés,
Astres aux longs cheveux, de flammes couronnés,
Fiers vasseaux du soleil, vous dont le cours rebelle
Brave de votre roi la puissance éternelle?
Tantôt du dieu du jour vous affrontez les feux,
Tantôt loin des splendeurs de son front lumineux,
Vous allez, affranchis de sa vaste puissance,
Durant trois fois cent ans oublier sa présence ;
Mais certain de ces lois, jusqu'aux confins des cieux,
Le soleil, étendant son bras victorieux
Vous atteint, vous arrête aux limides des mondes,
Et borne à votre insu vos courses vagabondes.
Ainsi de ces grands corps il presse le retour,
De peur que, désertant et son trône et sa cour,
Ils n'aillent, engagés dans d'immenses voyages,
Près des autres soleils égarer leurs hommages.
Alors on voit briller ces globes passagers,
Des frayeurs du vulgaire, éternels messagers.
Peuples ! rassurez-vous, ces masses infécondes
Dont vous avez tant craint le retour menaçant,
Ranimeront un jour le soleil vieillissant.

DE CHÊNEDOLLÉ.

Les deux Pôles.

—

Le globe vers le nord hérissé de frimas
S'élève, et redescend vers les brûlans climats.
Notre pôle des cieux voit la clarté sublime,
Du tartare profond l'autre touche l'abîme.
Calisto, dont le char craint les flots de Thétis,
Vers les globes du nord brille auprès de son fils;
Le dragon les embrasse ainsi qu'un fleuve immense.
Le pôle du midi, noir séjour du silence,
N'offre aux tristes humains qu'une éternelle nuit.
Peut-être en nous quittant Phébus chez eux s'enfuit,
Et lorsque ses coursiers nous soufflent la lumière,
Pour eux l'obscure nuit commence sa carrière.

VIRGILE.

Les quatre parties du jour.

—

LE MATIN.

Des nuits l'inégale courrière
S'éloigne et pâlit à nos yeux;
Chaque astre au bout de sa carrière

Semble se perdre dans les cieux ;
Des bords habités par le More,
Déjà les heures de retour
Ouvrent lentement à l'aurore
Les portes du palais du jour.

LE MIDI.

Ce grand astre dont la lumière
Enflamme la voûte des cieux,
Semble, au milieu de sa carrière,
Suspendre son cours glorieux ;
Fier d'être le flambeau du monde,
Il contemple du haut des airs
L'Olympe, la terre et les mers,
Remplis de sa clarté féconde,
Et jusques au fond des enfers
Il fait rentrer la nuit profonde
Qui lui disputait l'univers.
Toute la nature en silence
Attend que le Dieu de Delos
De son char lumineux s'élance
Dans l'humide séjour des flots.

LE SOIR.

Le dieu qui brûlait les campagnes
Se dérobe enfin à nos yeux,
Il s'enfuit, et son char radieux
Ne dore plus que les montagnes.
Déjà, par sa voix arrêtés,

Ses coursiers vigoureux s'agitent,
Leurs crins se redressent, s'irritent,
Et doublent leurs pas ralentis;
Ils volent et se précipitent
Au fond du palais de Thétis.

La Nuit.

Les ombres du haut des montagnes
Se répandent sur les côteaux;
On voit fumer dans les campagnes
Les toits rustiques des hameaux;
Les songes traînent en silence
Son char parsemé de saphirs;
L'amour dans les airs se balance
Sur l'aile humide des zéphirs.
O toi si longtemps redoutée,
Déesse paisible des airs,
O lune! embellis l'univers,
Et de ta lumière argentée
Blanchis la surface des mers.

(*Extrait du C. de* BERNIS.)

L'Orage.

On voit à l'horizon, de deux points opposés,
Des nuages monter dans les airs embrasés;
On les voit s'épaissir, s'élever et s'étendre,

D'un tonnerre éloigné le bruit se fait entendre :
Les flots en ont frémi, l'air en est ébranlé,
Et le long du vallon le feuillage a tremblé ;
Les monts ont prolongé le lugubre murmure
Dont le son lent et sourd attriste la nature.
Il succède à ce bruit un calme plein d'horreur,
Et la terre en silence attend dans la terreur.
Des monts et des rochers le vaste amphithéâtre
Disparaît tout-à-coup sous un voile grisâtre ;
Le nuage élargi les couvre de ses flancs,
Il pèse sur les airs tranquilles et brûlans.
Mais des traits enflammés ont sillonné la nue,
Et la foudre, en grondant, roule dans l'étendue ;
Elle redouble, vole, éclate dans les airs,
Leur nuit est plus profonde, et de vastes éclairs
En font sortir sans cesse un jour pâle et livide ;
Du couchant ténébreux s'élance un vent rapide
Qui tourne sur la plaine, et rasant les sillons,
Enlève un sable noir qui roule en tourbillons.
Ce nuage nouveau, ce torrent de poussière,
Dérobe à la campagne un reste de lumière.
La peur, l'airain sonnant, dans les temple sacrés
Font entrer à grands flots les peuples égarés.
Grand Dieu ! vois à tes pieds leur foule consternée
Te demander le prix des travaux de l'année ;
Hélas ! d'un ciel en feu les globules glacés
Ecrasent, en tombant, les épis renversés.
Le tonnerre et les vents déchirent les nuages ;
Le fermier de ses champs contemple les ravages,
Et presse dans ses bras ses enfans effrayés.

La foudre éclate, tombe, et des monts foudroyés
Descendent à grand bruit les graviers et les ondes
Qui courent en torrent sur les plaines fécondes.
O récolte! ô moisson! tout périt sans retour,
L'ouvrage de l'année est détruit dans un jour.

Saint-Lambert.

La Grêle.

Quand l'eau monte en vapeurs à la céleste voûte,
Si le froid la saisit déjà formée en goutte,
Alors la grêle tombe, et ses grains bondissants
Battent à coups pressés nos toits retentissants;
Quelquefois ces corps en traversant l'espace,
Grossissent dans leur cours ces globules de glace;
Alors, bien plus funeste à nos champs dévastés,
Tombent du haut des cieux à coups précipités.
Cette grêle tranchante, effroi de nos vendanges,
Qui hache les épis, faible espoir de nos granges,
Dépouille nos forêts, les jardins, les vergers,
Écrase les troupeaux, quelquefois les bergers.
Terrible, impétueux, elle frappe, et sa rage
D'une année en un jour anéantit l'ouvrage.

La Neige,

—

Le givre, les frimas sont des brouillards durcis,
Et par d'autres vapeurs en tombant épaissis ;
Mais avant que cette onde en gouttes se rassemble,
Si ces molles vapeurs sont surprises ensemble,
Alors des champs de l'air l'empire nuageux
Nous verse à gros flocons tous ces amas neigeux
Qui comblent nos vallons, recouvrent nos montagnes.
Ah ! que je plains alors l'habitant des campagnes !
Malheur au bûcheron qui, revenant du bois,
Retourne sur le soir à ses antiques toits ;
Il ne reconnaît plus le fleuve, la vallée,
Sa vue est éblouie et son âme est troublée,
Il s'égare, il s'enfonce en de nouveaux tombeaux.

DELILLE.

Bienfaits accordés à la Terre.

—

O terre ! heureux séjour ! puisqu'ainsi l'on te nomme,
Séjour digne des Dieux, et profané par l'homme,
Toi, le second travail de la divinité,
Le second par le temps, le premier en beauté.

Terre! de quel éclat ces astres te couronnent!
C'est pour toi que sont faits ces cieux qui t'environ-
[nent!]
Chacun de ces flambeaux, tout fier de son emploi,
Se lève, part, revient, et voyage pour toi.
De son maître nouveau; fidèle tributaire,
Chacun de leurs rayons vient tomber sur la terre
Ainsi que dans le ciel, tous ces globes de feu,
Comme au centre commun aboutissent à Dieu.
De même autour de lui ce monde heureux assemble
Tous ces soleils épars qui rayonnent ensemble;
Ce feu, source de grâce et de fécondité,
Tu lui dois tes trésors, tu lui dois ta beauté :
Il court dans chaque fleur, circule en chaque tige,
Il forme, accroît, nourrit par un plus grand prodige
Ces peuples animés sans cesse renaissans;
Il leur donne la vie, il leur donne des sens,
Et choisissant pour eux sa subtile flamme,
Leur prête la pensée, et leur inspire une âme.
Tous inégaux en rang, mais sans être jaloux,
S'obéissent entre eux, l'homme commande à tous.
O terre! quels tableaux décorent tes campagnes!
O vous, rians vallons, vous, altières montagnes,
Verts côteaux, antres frais, abris voluptueux,
Élégans arbrisseaux, arbres majestueux,
Audacieux rochers, agréables prairies,
Ruisseaux, fleuves pompeux, beaux lacs, rives fleuries,
O! combien me plairait votre aspect enchanteur,
Si le plaisir encor était fait pour mon cœur!

DELILLE.

Destination de la lune.

Liée à nos destins par droit de voisinage,
La lune nous échut à titre d'apanage,
Et l'éternel contrat qui l'enchaîne à nos lois
D'un vassal envers nous lui prescrit les emplois;
Par elle nous goûtons les douceurs de l'empire.
Des traits brûlants du jour quand le monde respire,
Tributaire fidèle, en reflets amoureux,
Elle vient du soleil nous adoucir les feux,
Tantôt brille en croissant, tantôt luit tout entière,
Et commerce avec nous et d'ombre et de lumière.

CHÊNÉDOLLÉ.

Éclipses.

Les phases de la lune, et son globe argenté,
Chaque jour du soleil empruntent leur clarté.
Quelquefois quand son disque est plein de feu solaire,
Il se plonge aussitôt dans l'ombre de la terre.
Il disparaît pour nous, et ce disque effrayant,
S'il s'aperçoit encore, est livide ou sanglant;
L'obscurité subite en devient plus profonde.

6

La peur d'un pas tremblant parcourt soudain le monde.
Le Sauvage, l'Indou, les peuples ignorants,
Invoquent la clarté par des cris déchirants.
La lune, en s'échappant de cette ombre grossière,
Calme, reprend sa forme et sa splendeur première,
Remonte en peu de temps près de l'astre du jour,
Entre la terre et lui se place sans détour,
Oppose à ses rayons sa masse épaisse et sombre,
Et de son propre globe elle nous lance l'ombre,
Le soleil s'obscurcit et disparaît des cieux.
Les étoiles soudain paraissent à nos yeux ;
La lune même éteint ses feux auxiliaires,
Et le monde a perdu ses deux grands luminaires,
Dans les pays frappés de tant d'obscurité,
L'homme n'est pas le seul qui soit épouvanté.
Le tigre perd d'effroi sa fureur carnassière,
Le lion rugissant regagne sa tanière,
Les troupeaux dispersés se sauvent dans les bois,
Et l'oiseau n'ose plus faire entendre sa voix ;
La lune, en projetant son ombre sur la terre,
N'y trace qu'une zône et sombre et passagère ;
Elle laisse du jour briller la pureté
Près des lieux qu'elle livre à tant d'obscurité ;
Et son ombre, courant de rivage en rivage,
Montre d'elle partout une diverse image.
Là, je la vois former le plus léger croissant
Sur le bord du soleil qu'elle échancre en passant ;
Elle paraît plus loin, déployant plus d'audace,
En éclipser les faits, en couvrir la surface ;
Ailleurs elle se place au centre de ses feux ;

Son disque est entouré d'un cercle lumineux ;
Auréole de flamme, et fugitive guerre,
Où l'ombre et la clarté se disputent la terre.
GUDIN.

Volcans,

Volcan ! le feu nourrit ta fougue triomphante,
Le feu te réclamait, mais la terre t'enfante.....
Volcan ! de l'incendie affreux avant-courreurs,
De sourds frémissements annoncent tes fureurs :
Le feu dilate l'air, il évapore l'onde ;
Le monstre se débat dans sa prison profonde ;
Des rochers escarpés, des montagnes, des bois,
En vain pèse sur lui l'épouvantable poids.....
Plus il est captivé, plus il sera terrible.
L'instinct a pressenti l'explosion horrible.
Les troupeaux consternés quittent ce sol brûlant,
L'oiseau part effrayé, le chien fuit en hurlant ;
Enfin il rompt sa voûte, il brise ses murailles ;
De ses flancs déchirés il vomit ses entrailles ;
Mélangé de fumée, et de cendre et d'éclairs,
En colonne rougeâtre il monte dans les airs ;
Du noir abîme aux cieux il fait voler la pierre,
De ses sillons brûlans laboure au loin la terre
Et des rochers dissous, et des métaux fondus,

Roule en flots enflammés les torrents confondus
Adieu les fleurs, les fruits et la moisson naissante.
Tout tremble, tout frémit; la terre mugissante
Secoue avec fureur ses abîmes profonds,
Et les tours des cités et les forêts des monts.
Les vallons sont comblés, et les sommets s'abaissent,
Des fleuves sont formés, des fleuves disparaissent.
Il parcourt, il enflamme et la terre et les airs;
Il gonfle les torrents, il soulève les mers.
Et le ciel réunit, pour châtier le monde,
Au déluge du feu le déluge de l'onde.

DELILLE.

QUESTIONS

CHAPITRE 1er.

Quelle impression produit sur nous la vue d'un beau ciel parsemé d'étoiles ?

Les étoiles sont-elles des soleils ?

Pourquoi donc le jour ne voyons-nous pas les étoiles ?

Que signifie découvrir à l'*œil nu* les étoiles ?

Combien découvre-t-on d'étoiles à l'œil nu ?

Combien découve-t-on d'étoiles à l'aide du *télescope* ?

A combien porte-t-on le nombre des étoiles visibles ?

Combien de fois le soleil est-il plus gros que la terre ?

Quelle est la distance du soleil à la terre ?

Combien faut-il de *pouces* pour faire un pied, de *pieds* pour faire une toise, de *toises* pour faire une lieue ?

Combien d'années la lumière de *Sirius* met-elle à nous arriver ?

Combien de temps la lumière du soleil met-elle à parvenir à notre globe ?

Quel fruit retirons-nous de l'étude de la nature ?

Qu'appelez-vous constellation, et quel nom les savans lui donnent-ils ?

Qu'appelle-t-on constellation nébuleuse ?

Qu'est-ce que la voie lactée ?

Quelle découverte a faite sir John Herschel ?

Y a-t-il des nébuleuses planétaires ?

Quelles sont les constellations essentielles à connaître ?

Nommez toutes les constellations du Zodiaque avec l'étymologie de leur nom.

Quels sont les signes de chaque saison, et à quel mois chacun d'eux répond-il ?

Qu'appelez-vous étoiles tombantes ?

D'où vient qu'il y a des étoiles qui vacillent, et d'autres dont la lumière est tranquille?

Qu'appelez-vous étoiles fixes et planètes?

Qu'appelez-vous *satellite?*

Qu'entendez-vous par système planétaire?

Dites-moi quelque chose sur les comètes.

Qu'est-ce que l'étoile polaire?

A quel dessein pensez-vous que ces corps brillans aient été jetés dans l'espace?

Citez-nous les vues de Fontanes sur les planètes.

Qu'est-ce que la boussole? quel est celui qui perfectionna cet instrument, à quelle époque, et quel est le roi qui régnait en France?

Qu'est-ce que l'astronomie?

Qu'est-ce que la cosmographie?

Démonstrations a faire sur le tableau noir :

Etoiles, soleil, un télescope, un pouce, un pied, une toise, une constellation, le zodiaque, une étoile tombante, la lune, une comète, une boussole.

CHAPITRE II.

LE SOLEIL.

Comment nomme-t-on la ligne autour de laquelle se lève le soleil?

Quand fait-il *jour*, quand fait-il *nuit* pour nous?

Que signifie le mot *hémisphère?*

Que nous prouve l'alternative du jour et de la nuit?

Qu'est-ce que le *crépuscule?*

Que signifie le mot rotation?

Combien de temps emploie la terre à tourner autour du soleil?

Quelle différence établissez-vous entre ces expressions, *rotation et révolution?*

En combien de temps la terre exécute-t-elle sa *rotation?*

Combien de temps met-elle à opérer sa *révolution?*

Pourquoi toutes les villes du monde n'ont-elle pas midi en même temps?

En combien de parties divise-t-on le globe?

Quel nom donne-t-on à chacune de ces parties?

Combien le soleil parcourt-il de *degrés* en une heure?

Quel nom donne-t-on à l'endroit où le soleil se lève?

Quel nom donne-t-on à l'endroit où le soleil se couche?

Quelle heure est-il à une ville qui se trouve juste à 45 degrés à l'orient de Paris, quand sonne midi à Paris?

Quelle heure est-il à une ville située à 30 degrés à l'occident de Paris, quand sonne midi à Paris?

Quel est l'astronome qui enseignait que le soleil tournait autour de la terre? En quel siècle vivait-il?

Quel est celui qui plus tard reconnut, au contraire, que le soleil est immobile, et que c'est la terre et les autres planètes qui tournent autour de lui?

En quel siècle vivait-il et qui régnait en France à cette époque?

Le soleil qui ne tourne pas *sensiblement* pour nous autour d'autres corps, a-t-il un mouvement?

Combien lui faut-il de temps pour exécuter sa rotation sur lui-même?

Comment a-t-on pu le savoir?

Quelle est l'opinion des savans sur les taches du soleil?

Expliquez-nous l'admirable découverte de M. Daguerre?

En quel siècle vivait Galilée?

Qui est son pays, et qui régnait en France pendant qu'il vivait?

Le soleil est-il au centre du chemin que décrivent les planètes?

Quelle cause produit la diversité des saisons?

Pourquoi fait-il chaud en *été*, quoique la terre soit le plus éloignée du soleil?

Pourquoi en hiver, au contraire, la terre étant plus rapprochée du soleil, fait-il froid?

Expliquez-nous les saisons.

Pourquoi les rayons du soleil sont-ils plus visibles quelque temps avant la pluie?

Comment se forment les nuages?

Comment se soutiennent-ils en l'air?
Comment les nuages forment-ils des sources, des rivières, des ruisseaux?

CHAPITRE III.

MERCURE, VÉNUS, LA TERRE.

Donnez-nous des notions sur les planètes *Mercure, Vénus, la Terre.*
Quel est leur aspect, leur distance, leur volume, leur rotation et leur révolution?
Qu'appelle-t-on latitude, longitude?
Quelle est la nature de l'athmosphère?
Quelle est la vitesse de la terre?
Qu'est-ce que le feu central?
Dites-moi quelques vers sur le feu central.

CHAPITRE IV.

DE LA LUNE.

Qu'appelle-t-on planètes secondaires?
De combien la lune est-elle éloignée de la terre?
Combien de fois la lune est-elle plus petite que la terre?
Pourquoi nous paraît-elle plus grosse que les étoiles?
La lune est-elle lumineuse par elle-même?
Quand avons-nous la nouvelle lune, le premier quartier, la pleine lune?
Pourquoi donne-t-on le nom de satellite à la lune?

Qu'appelle-t-on le décours de la lune ?

En combien de jours la lune tourne-t-elle autour de la terre ?

Pourquoi, dans son cours, remarquez-vous qu'elle nous montre sa même face ?

Quel nom donne-t-on aux différens aspects sous lesquels nous la voyons ?

Que signifie le mot *éclipse* ?

Quelle est la cause des éclipses ?

Quand y a-t-il éclipse de soleil ?

Quand y a-t-il éclipse de lune ?

L'influence que le soleil et la lune ont sur la mer ne produit-elle pas les marées ?

En vertu de quelle loi ce phénomène a-t-il lieu ?

Pourquoi une pierre lancée en l'air est-elle attirée par la terre ?

CHAPITRE V.

LES PLANÈTES.

Pourquoi dit-on que les planètes sont des corps errans ?

Quel nom donne-t-on à la plus petite des planètes ?

Quelle est celle qui se trouve au-dessus de celle-ci, et quel est son aspect ?

Quels sont les noms qu'on lui donne encore ?

Après Vénus, quelle est la planète qui se présente à nous ?

Quel en est le satellite ?

Au-dessus de la terre, quelle est la planète que l'on remarque ?

Combien Jupiter a-t-il de satellites ?

Comment appelle-t-on les quatre petites planètes qui se trouvent entre *Mars et Jupiter* ?

Pourquoi les nomme-t-on *télescopiques* ?

Sous quel aspect Saturne, qui se trouve au-dessus de Jupiter, se présente-t-il à nous ?

Outre l'anneau qui l'entoure, a-t-il des satellites ?

Quel est le nombre des planètes dont vous venez de me parler, et nommez-les dans leur ordre respectif.

Combien de fois Jupiter est-il plus grand que la terre?

Combien de ces planètes sont plus petites que la terre? Quelles sont-elles? En vertu de quelles lois connues tous ces mondes répandus dans l'espace ne se brisent-ils point les uns les autres?

A qui devons-nous la découverte de ces deux lois?

Quelle idée devons nous avoir de l'être qui a créé toutes ces merveilles?

suivi sa dépouille mortelle à sa dernière demeure. L'un d'eux a prononcé su[r]
tombe une oraison funèbre, qui vaut à elle seule, par sa touchante simplicité,
des discours académiques, la voici :

« Adieu Gripon, tu as accompli dans huit mois le tunnel de Saint-Cloud
» Anglais travaillent depuis vingt ans à celui de la Tamise, qui est quatre fois n[?]
» long. Adieu ! »

FAITS DIVERS.

— On écrit de Rheims :

La crise ministérielle et son dénoument, l'état assez critique des a[ffaires]
commerciales et industrielles, n'ont que médiocrement influé sur les plaisi[rs du]
carnaval, qui ont été à peu près aussi animés cette année que les précédentes[. Tou-]
tefois, nous devons signaler un fait assez singulier par sa rareté. Le mardi-gras, j[our de]
grandes folies et d'orgies échevelées, la police n'a eu à réprimer aucun écart d[e con-]
duite ; il y a eu force pots vidés, force gigues, force rigaudons dansés, mais [point]
de rixes, point même de querelles sérieuses. Il y a peu d'exemples d'une sem[blable]
disette d'émotions vives, un jour de mardi-gras, dans des villes peuplées co[mme la]
nôtre de près de 40,000 habitans.

— Un accident bien déplorable a répandu la consternation dans la co[mmune]
de Saulce-aux-Bois, arrondissement de Rethel.

Deux enfans, l'un âgé de 4 ans et l'autre de 7, appartenant à une fami[lle re-]
commandable de ladite commune, étaient à jouer sur la glace, lorsque tout[-à-coup]
elle se rompit, et ces petits malheureux furent engloutis. Ce ne fut que [qua-]
tre]
cinq heures après qu'on parvint à les retirer de l'eau. Ces pauvres enfans se t[enaient]
encore par la main, comme au moment de leur jeu.

— Une maladie, qui a beaucoup d'analogie avec la fièvre typhoïde, désol[e en ce]
moment la commune de Saulce-Champenoise, arrondissement de Vouziers. P[...]

TROYES.—IMPRIMERIE

OUVRAGES DE M. LÉVI,

QUE L'ON TROUVE CHEZ LE PROFESSEUR,

	F.	C.
Histoires racontées, chaque volume.	2	»
Géographie racontée, 1 vol.	3	50
Tour du monde, ou premières leçons de Géographie.	1	50
Tableaux historiques, géographiques.	»	40
Grammaire française abrégée.	1	50
Exercices grammaticaux.	1	50
Mnémosyne classique.	2	50
Esquisses historiques.	2	50
Esquisses littéraires.	3	50
Histoire de France.	4	50
Histoire générale.	4	50
Phisyque popularisée, ou Pourquoi et Parce que.	1	50
Questionnaire gammatical.	»	75
Questionnaire historique.	»	75
Questionnaire géographique.	»	75
Éphémérides classiques, 4 v.	10	»
Échelle des peuples.	1	50
Grand tableau d'Histoire naturelle.	5	»
Précis de littérature Française.	1	»
Anacharsis — 1 vol.	2	50
Les poètes italiens.	2	50
Les chroniqueurs.	2	50
Nomenclature orthographique.	1	25
Atlas géographique colorié.	4	»
Abrégé méthodique de Géographie générale ou Études Géographiques.	3	50
Tableaux généalogique des maisons royales de France.	1	»
Énigmes historique.	1	50
Explication des Énigmes.	3	50
Modèles d'écriture.	1	»

Troyes. — Imprimerie Anc. Payn, 22, rue du Temple.

BIBLIOTHEQUE ROYALE